防灾小卫士绘本

图说巨震自救

——"5·12"汶川地震幸存者说

张 英 陈汉信 著

地震出版社

图书在版编目（CIP）数据

图说巨震自救："5·12"汶川地震幸存者说／张英，
陈汉信著．—北京：地震出版社，2022.10
ISBN 978-7-5028-5472-0

Ⅰ.①图… Ⅱ.①张… ②陈… Ⅲ.①地震灾害－自
救互救－经验－汶川县 Ⅳ.①P315.9

中国版本图书馆CIP数据核字(2022)第131354号

地震版 XM5261/P(6291)

图说巨震自救——"5·12"汶川地震幸存者说

张 英 陈汉信 著

责任编辑：凌 樱
责任校对：鄂真妮

出版发行：**地震出版社**

北京市海淀区民族大学南路9号 邮编：100081
销售中心：68423031 传真：68467991
总编办：68462709 68423029
http://seismologicalpress.com

经销：全国各地新华书店
印刷：河北文盛印刷有限公司

版（印）次：2022年10月第一版 2022年10月第一次印刷
开本：710×1000 1/16
印张：5
字数：80千字
书号：ISBN 978-7-5028-5472-0
定价：28.00元

永不遗忘灾害
永远记住血泪的教训

我们无法完全避免灾害的发生
但是通过日常的防灾减灾工作
可减轻灾害风险并提高应对能力

在灾害发生的第一时间
进行及时有效的自救与互救
可减轻人员伤亡并降低灾害损失

目录

1

地震发生的一瞬间

"硫磺"弥漫

空气中弥漫着硫磺一样的味道，周围全是灰尘，很快什么都看不到了。

变压器冒出火花

先是上下抖动，然后是左右晃动，土坡一下倒到江边，就像引爆了烟幕弹，一米开外就看不清了，告示栏背后的变压器因为晃动而呼呼冒火花。

世界末日

天空一下子灰暗了下来，街道到处都是灰尘，满天飞扬，感觉世界末日来临了。

"兵马俑"的模样

天空灰蒙蒙的，一米之内的人也看不见了，气味非常刺鼻。我只能模模糊糊地看到自己的手。灰尘渐渐散开，我们终于看清各自"兵马俑"的模样。

房子像棉絮

房子像棉絮一样，很
软，地面上出现波纹，
周围的招牌直往下掉。

公路抖动

公路像抖动的绳索，车辆也随着抖动。

像是开水在沸腾

学校新铺的水泥路面裂成了一块块小块，水泥像是在地
面上跳舞，学校水池里的水像是在沸腾。

声音像放炮

房屋倒塌的声音，木头断裂的声音，
劈里啪啦的一阵乱响，烟雾四起，
对面山上就像放炮一样。

火车的轰鸣

先是听到短暂而剧烈的轰鸣声，像火车跑动一样，然后地面就开始猛烈晃动。

汽车防盗警报

汽车防盗报警器开始疯狂地叫。

噼里啪啦

地板、窗户、床、桌子、椅子都在晃动，玻璃杯子撞在一起，噼里啪啦响成一团。

无法站立

我感觉到房子在晃动，地上有东西被拱了起来，我无法站立，走一步要倒退一步，感觉怎么也跑不出去了。

以为自己酒喝多了

一下子就摔倒了，以为是自己酒喝多了，双手在地上撑了一下没有撑起来就又摔倒了，我滚到了马路中间，地面又摇又晃，自己就像花灯一样不停地转。

地要翻倒

我们一家人都摔倒在油菜地里。油菜地像要翻倒过来似的，一直在颠。

房屋左右摇晃

桌上的电脑突然掉落到地上，接着听到一声玻璃震动的巨响，我感觉房屋左右摇晃很厉害。

干脆坐在内墙角

站也站不稳，我干脆顶着一个垫子坐在内墙角。只听见外面的东西在垮，我的眼睫毛上都是灰。

全变成废墟

很多房子都变成了废墟，街道和记忆中的完全不一样了，我很害怕，觉得一切都不真实，像在做梦，好多同学都吓哭了，我当时是懵的，就没有哭。

以为自己死定了

我当时在 6 楼，觉得自己死定了。头脑一片空白，眼睛盯着一扇大窗户，总觉得自己是不是已经死了？丈夫喊了我三声，我才反应过来。说实话，到现在我都回忆不起自己是怎么从 6 楼到 1 楼的。

像是过了一年

恐怖感袭来，一种想法在心里升起，我要死了吗？奇怪的是这种想法一产生，心里反而不太害怕。我想到了几天前买的那条很贵很不错的牛仔裤，太遗憾了，我还没有来得及穿它……一些鸡毛蒜皮的破事都想完了，摇晃居然还没有结束，感觉像是过去了一年。

很难描述

我们在九洲体育馆遇到了北川灾民，他们很少有人能完整而清晰地描述地震时的情形。

原子弹

是不是遭受了原子弹攻击？

被大货车撞了

好像是大货车把我们家楼给撞了，动静很大。

恶作剧

以为是同学恶作剧，踹了我的桌椅。

被追尾

我的车子后面跟着一辆车子，还以为是后面的车子撞了我的车子。

爆胎

肯定是车胎爆了！

在放炮

都汶高速正在打洞，经常放炮，我在想今天的炮怎么这么响？

锅炉爆炸了

最开始一声巨响，我以为是医院的高压锅炉爆炸了。

感觉刮过一股旋风

感觉刮过一股旋风，几乎将我吹倒，我赶紧抱住身边一棵银杏树。但是这棵树不够高大，一会儿就被连根拔起，我赶紧挪向旁边的皂角树。

感觉像被簸箕筛一样

我刚泡好茶就感觉窗户在响，地也在抖动。当时我在2楼，冲出门刚跑到楼梯口，就好像有人从背后推了我一下，倒在地上怎么也爬不起来了，背后的声音像是樱桃纷纷落地，我感觉自己像被簸箕筛一样，足足摇了2分钟那么久。眼睛睁不开，周围都是灰，像是挖煤一样。最终我被地震波冲到了绿化带上，一个景观石把我的脚绊破了。

像瀑布倾泻

垮塌的岩石像瀑布一样倾泻下来。

像保龄球撞击房子

巨大的石头不断滚下，撞击着山脚下的房子，感觉这一天像世界末日。

像挤牙膏

我看见莲花芯山上的石头像挤牙膏一样喷射到空中，然后落入山谷，碎屑流在瀑布处冲出莲花芯沟口，飞溅到对面200多米外的山坡上，再右转沿着牛眠沟向下游的岷江冲去，整个过程仅约2分钟。

大块的石头像下暴雨

在河边看见至少比大客车还大的石头从对面七八百米高的山顶像下暴雨般地滚下来，坠落在两三百米宽的水面上，溅起一道道1米多高的白色大浪，波浪滚滚而来，冲向岸边。这时山上的黑烟直冲云霄，河

湾处北边两个山梁分开合拢，再分开再合拢。合拢时，右侧的基岩插入左侧山边的土层里；分开时，右侧的基岩又从左侧山边的土层里被拔出了来。

严茜的亲身经历

　　我叫严茜，2008年5月12日地震发生时我还是都江堰水电十局学校初三的一名学生。

　　那天下午我们上课的时间是2点半，因为老师要求提前5分钟到，所以我们会在2点25分进教室。刚到教室没几分钟窗户就突然"哐当当，哐当当"地响了两声，同学们开始窃窃私语地说："打火炮了，是不是远处在炸山上矿石。"

　　老师非常严肃地说："大家坐好，我出去看看。"此时地面开始晃动，墙上的粉尘开始掉落，教室的灯也在剧烈地晃动着。班上有的孩子大喊道："快跑。"我还没有反应过来就随着大家晃晃悠悠地往外跑，恍惚间看见无数人满头粉尘，忙问旁边的同学："这是在拍电影吗？"然而并没有人回答我。就这样我被拉着推着挤着跑到了操场，突如其来的剧烈晃动让我们无法站立，跪在地上相互拉着，耳边响起"咕咕咕"的声音，像地球肚子在叫，此时的我只能用尽全身力气去抱住旁边的人来保持平衡。当晃动结束后，我站起来感觉整个人轻飘飘的，像绑沙袋跑完500米后取掉沙袋一样，脚可以抬得好高好高。

摇晃停止后，突然有同学说："我们学校怎么变大了？"仔细一看原来是学校的围墙倒塌了，所以第一感觉是学校变大了。

　　因为身边没有同学受伤，所以大家还能愉快地聊天："哈哈哈，今天是不是不用上课了，一会我们出去耍""隔壁班的那小伙鞋子掉了，瓜兮兮的""这小地震没事，耍一会，学校就会叫我们回去。"

　　此时，隔壁班一位同学的妈妈突然冲进学校哭喊着找她的孩子，她进来的时候，灰头土脸的只能看见眼睛，像个"兵马俑"。同学们捂住嘴巴笑，因为还不知道这场地震在学校以外的地方造成了多么严重的破坏。

　　下午5点左右，学校让我们各自回家，我在几位男同学的护送下离开学校。当我踏出校门那一刻，看见的景象可以用"满目疮痍"来形容：掉了许多碎玻璃的马路、被倒塌的墙体压得不成形的汽车、站成一圈围住银行的武警、悬挂在半空中的预制板……都江堰红十字医院门口用篷布搭建起了临时手术室，奎光塔也被拉上了警戒线。

　　顺利地回到家后，我发现房门开着但家里没人，电话也联系不上，慌张中在小区广场找到了外婆，外婆告诉我家人都去找我了。正焦急的时候舅舅回来了，我们就开始找当晚住处，然后联系亲戚互报平安。

2

逃　生

一个大姐被砸中

有很多的东西还在不断地被摇落下来，在原来的一个公交站附近，我亲眼看到一个大姐被高楼上掉下来的东西砸中头部躺在地上。

柜子倒了下来

当时我正在办公楼里，突然大楼摇晃，一个两米多高装满文件的柜子倒了下来，狠狠砸在地板上。

同事被压在大楼下面

他的左手被从楼上掉下来的玻璃划出一道又深又长的口子，而他的同事们则被塌下来的大楼压在下面。

有人被砍断手臂

听说有工人抱住栏杆，由于晃动太厉害了，结果从工地3楼被甩到1楼；过钢索桥的人抱住铁索被甩到河里；开店铺的人跑回去拿钱的时候被埋在下面……而我在去儿子学校的路上看到有人被掉下的玻璃砍断了手臂。

楼梯间变成遇难点

那些第一时间往外跑的人，在教学楼垮塌的时候正好堵在楼梯间，1楼的人直接被压住，其他的人也大多被掉下来的墙体砸倒，这个楼梯间就成为实验楼之外的第二个集中遇难点。

倒伏的电线杆

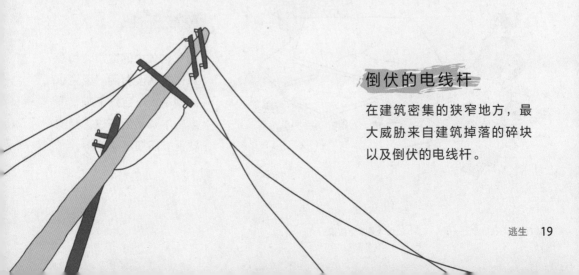

在建筑密集的狭窄地方，最大威胁来自建筑掉落的碎块以及倒伏的电线杆。

脚骨折

当时联系不上家人，我很着急，在跑的过程中，由于躲避落石，踩到了那些凹凸不平的地方，我的脚骨折了。

杂物阻碍

在我从 4 楼往下跑的途中，有许多居民堆放在楼梯间的杂物形成了影响逃生的障碍。

腿被压住

面对这么大的地震，蹲躲抓根本就没有用，因为水泥预制板一旦掉下来，课桌根本就承受不住。我的腿便被压在课桌底下。

又跑进去拿包包

进修校1楼有一个已经跑出来的出纳，
又跑进去拿包包，就再也没有出来。

发生了踩踏事件

墙皮出现脱落，教学楼楼
顶女儿墙倒了，还砸死了
人，同学们都往一个门跑，
因为门口有点窄，还出现
了踩踏事件，我也摔了一
跤，但马上爬起来继续跑。

被紧紧抱住

逃生过程中有人被吓到紧
紧抱住了我，我只能抓住
楼梯扶手用力拖着他走。
我看到了光才感觉到希望。

有学生跳楼

把学生集合起来清点，我发现有一个3楼的
学生（地震时）跳楼逃生，撞到围墙上受伤
最严重，4~5天后才被直升机送出去，其他
学生都没有事。

又冷又饿

地震发生之后我被水库的水打湿了衣服，感到很寒冷。天空灰蒙蒙的，能见度只有几米，两边的山完全垮塌，随时有可能发生余震。当时手机没有信号，我无法与他人联系，我和同事躲在铁皮柜里度过了两个晚上，我感觉又冷又饿，幸好有同事陪伴，否则自己会崩溃的。

只能走路避难

原来的公路又窄又简陋，加上被地震破坏，车辆根本进出不了，我们只能靠走路避难。

山掉了下来

地震发生最初的几十秒，惊慌失措的人群逃向北川老县城的十字路口，那是老县城唯一的一块开阔地，当时聚集了数千人，突然间王家岩发生了滑坡。老县城的一大片建筑就被压到了下面。

休克、感染、急性肾衰竭
肢体坏死、骨折、血压大幅波动
脊椎损伤、骨筋膜室综合征
内出血、心脏骤停

失血过多

在医院的时候，有一位母亲带着她的孩子来求救，那个孩子才19岁，高中毕业，可能是脾破裂，但是由于男孩儿出血过多，最后还是没有救活。后面又送来了一个矿工，全身黑黑的，也找不到伤口到底在哪里，最后才发现是大腿动脉被砸断而导致失血。

败血症

映秀的伤员中，脊椎损伤和骨折的占一半以上，几天下来，这些伤口创面已经变得非常脏，化脓引起的败血症很容易危及生命。

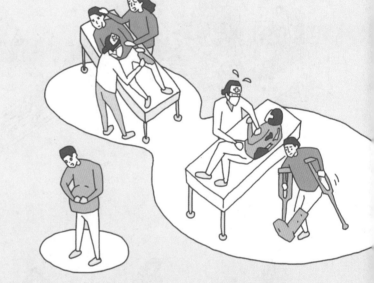

毒素积累

骨盆和脊椎损伤的病人无法自己排尿。其他的骨折病人也因为紧张遇到同样的麻烦，这会让他们小腹肿胀，毒素积累。

骨筋膜室综合征

骨折或者挤压带来的骨筋膜室综合征是更危险的杀手。在小腿和手腕关节处，骨、膜、筋包裹成一个密闭的容器，骨折带来的血肿和水肿会让这个容器的内部压力升高，最终导致小动脉自动关闭。在关节下方的肢体内，肌肉和神经会因为缺血、缺氧而渐渐坏死。这不仅仅会导致截肢，坏死产生的毒素还容易造成急性肾衰竭。

肢体被长时间压迫

1941年英国医生Bylans提出，德国空军对伦敦的大规模轰炸让许多人被掩埋。医生们注意到，一些肢体受到长时间压迫的人，送到医院后虽然看起来不错，但情况很快恶化，即使输血和截肢都无法挽救，这些病人大多遭受了急性肾衰竭和心搏骤停。

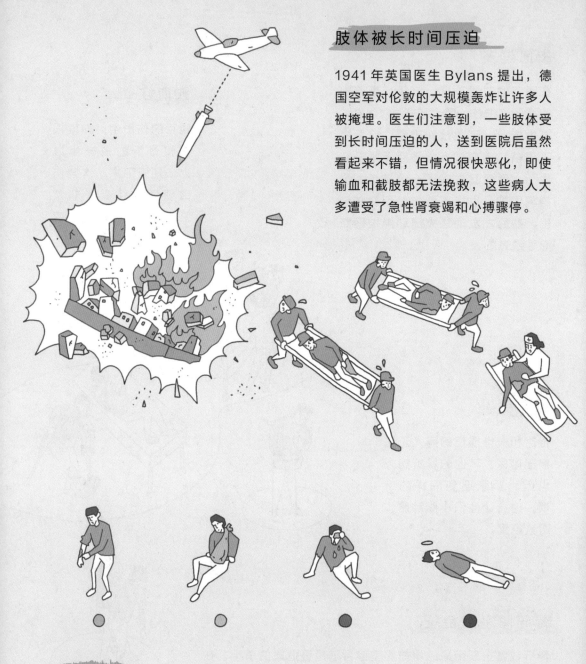

伤员分类

一个没有受过严格训练的人会重点关注伤员的疼痛程度和伤口大小，但是往往那些一声不吭的伤员可能病情更加严重，这是最考验救援人员专业和经验的一环。伤员需要分类标示，我们通常以绿、黄、红、黑代表轻伤、延迟处理、立即处理和死亡。

无能为力

还有一个男的，身体的大部分地方都被压住了，只有胸部露出来一点，看见我叫我救他。可他身上压着几千斤重的东西，我实在没有办法。只能给他拿了几瓶矿泉水和饼干，让他等待救援。看他身上只穿了背心，又从废墟里捡了衣服盖在他身上。后来听说他被救援队救出来了，但因为供血不足还是没抢救过来去世了。还有好几个，都是这种情况。

体内出血

福堂坝的棚子里有七八个重伤员。女工小毕被压成内伤，大家用木板将她垫起来，防止浸水。小毕吃不下东西，想呕吐又吐不出来。她总是说腰疼，可能是体内出血在逐步加重，同事起初抱着她，后来让她躺下节省体力，她慢慢睡着了。再过一会我去试鼻息，就没有了呼吸。

化工厂要爆了

那天晚上下暴雨，
有人说化工厂要爆了。

心理恐慌

听说了许多的谣言，有烧杀抢
夺、瘟疫、青神山的山洪等，我
还在枕头底下放了把刀，心里非
常恐慌。

水被污染

成都水质受到污染等消息在灾区各地流传，市民们开始疯狂储水，一度导致超市、商家矿泉水被抢购一空。

被恐慌吓走

大部分的人并不想离开，他们在外面很少有亲戚朋友，都不知道该去哪里。而且大家已经身无分文，不知能否被外面的世界接纳。瘟疫的传言笼罩着映秀，让恐慌一点点弥漫，很多不愿意离开的人是被恐慌吓走的。

3

救 援

手套

救援的解放军手套破了，仍坚持徒手去救援，他们中有的人手指头也磨破了。

头灯

夜间救援的头灯很重要！有一对夫妻被困住了，可就是这小小的头灯，给了他们生的希望。

榔头

我们在映秀办公楼里发现了一批被压在楼板下的同事，便用榔头等工具扩大楼板间隙，开辟了一条救援通道。专业的救援队救出了四五名还有生命体征的同事，但最后还是有一个人没法救出。

撬棍

5月13日晚上，我们被分配到都江堰石油街参与救援，一开始没有工具，只能徒手搬开砖块，后来政府和志愿者送来一些救援工具，我自己也找了撬棍，我们利用这些工具配合挖掘机共同救援。我记得当时用撬棍第一个救出的是一个男的，地震后，他被压在平房的门口，幸运的是男人并没有受重伤，很快便被救了出来。

铁锤

我是一名军人，地震的一小时后我便参加了群众救援，刚开始没有救援工具只能用手刨，我在工农兵街救出了一个太婆。后来，找到一个铁锤，它可以用来敲碎大的石块，增加救人机会。随后我在菜市场又救出了一个太婆，还在学校的水泥板下救出一个小孩，当天我共救出了三个人。

步话机

交警系统的步话机是当时唯一有效的无线通话工具。都江堰市委书记拿过一个交警的对讲机喊道："我是市委书记，现在有紧急情况，请大家停止通话，尽可能通知都江堰领导班子，尽快到指挥中心集合。"

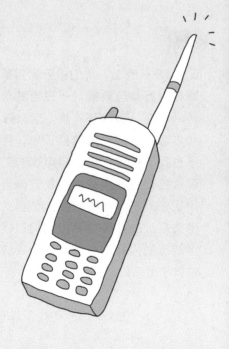

木 板

废墟里有很多的木板，我们可以先用它们来代替医用夹板固定伤员，等待进一步救援。

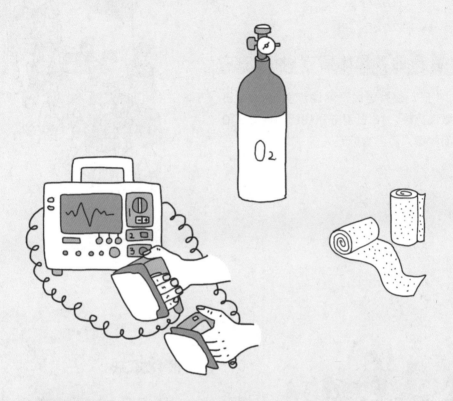

医用工具

在救治病人过程中，除颤仪、氧气瓶和
纱布都起到了非常重要的作用。

救援人员的数量比留守居民还多

5月14日，映秀居民开始逐步撤出，15日达到撤离高峰。16日留守居民已不到2000人，而救援人员已有近万人。

粮食短缺

5月15日，九江消防的39人只能领到一箱水和几袋饼干。16日就更糟糕了，5名南昌特勤人员一天只有1瓶水，而山东消防的260多人也仅得到4瓶水和1小袋馒头。17日70人的济南消防只能4个人分1瓶水。上海消防到达当天，300多人只弄到了20斤大米，他们煮了三大锅粥，不过叫米汤更合适，分下来每个人还不到1碗。

有护士晕倒

午饭时间，医生们的手都被污染了，没有水清洗，其中一名医生便用嘴咬开了饼干的包装袋，再用手臂夹着，其他人上前一块块咬出来，这样成功省下了宝贵的湿纸巾。但即便如此，两天下来他们也弹尽粮绝，发馊的面包都被吃光，人人都出现了脱水症状，我看见两名护士在忙碌中晕倒了。

裹尸袋当睡袋

5月15日晚，一名志愿者没有加入任何一个组织，因此需要自行解决住宿问题。他自制的睡袋是一个精心挑选的裹尸袋，在量好大致位置后用牙咬出两个洞用来保障呼吸畅通。晚上钻进去拉上拉链，觉得又温暖又舒服。就在他睡得正香时，感到身体在晃动，但感觉和余震又不同。他惊醒过来并开始喊叫，身体便重重落到地上，他顾不得疼痛伸出头，冲着那两个吓得魂飞魄散的收尸人喊："我还没有死！"

不能吊错一片

有些救援主要靠吊车把预制板一片片吊开，救援过程比较费时，尤其要注意先后顺序，吊错了一片就会导致倒塌。

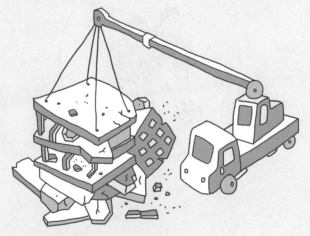

通过无线电发出呼救

5月12日15时左右，汶川一名无线电爱好者发出呼叫："BY8AA呼救，BY8AA呼救，粮食暂时够用，我们需要水、帐篷和雨具。"这个微弱的声音被远在1200千米外的广州市海珠区少年宫BY7KH业务电台抄收到。

几乎丧失希望

因为从来没有过类似的经历，所以当时我很害怕，恐惧占据了我的整个心灵，同事也因害怕而哭泣。我们两天内只进食了十几颗胡豆，且待的地方比较偏僻，也未抱希望有人来救援，感觉就像等死一样。

撤离中沿途留下联络纸条

他们对着已经成为废墟的家磕头离开，很多亲友还没有找到，他们就沿途留下各种各样的联络纸条。"***，我已经离开映秀了""我是 ***，有知道 *** 信息的请联系我""***，你的家人都在映秀，很安全。"

忘记肉体的疼痛

此刻的我只有左腿可以活动，连呼吸都很困难。在扩充空间的努力失败后，为了减少不必要的体力消耗，我只能强制自己适应废墟下的恶劣环境，甚至一再告诫自己"喜欢这里"。嘴里默默地念着，让自己逐渐达到一种忘我的境界，最终忘记肉体的疼痛。就这样，我的心情渐渐稳定、平静，身体也感觉没有那么难受了。

要保存体力

如果要说遇到地震能幸存的经验，总结一点就是被埋之后一定要保存体力。因为你根本不知道会被埋多久，只能听见到处喊救命的声音，有的人把体力耗尽了，声音越来越小，就死了。

自救与互救

我和七八个同学被水泥预制板压在教室的一个狭小的角落。他们有的手被压住，有的脚被压住，有的手脚都被压住。当时我的手还能动，灰尘散去后，自行清理身边的小石块和建渣，身边的一个同学虽然手脚都被埋了，但好在不是被预制板压住的，所以我能用手把他刨出来。

汶川地震埋压人员的获救方式

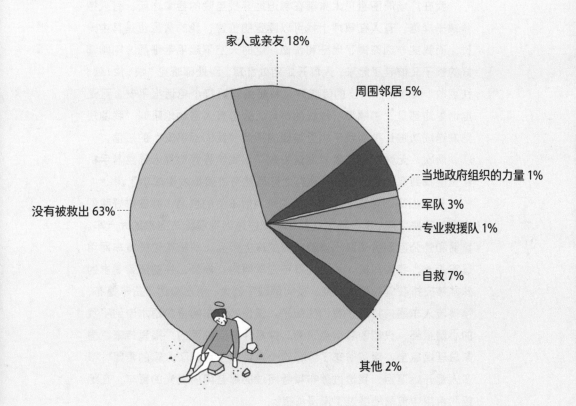

家人或亲友 18%

周围邻居 5%

当地政府组织的力量 1%

军队 3%

专业救援队 1%

自救 7%

没有被救出 63%

其他 2%

严茜的亲身经历

　　我在广场周围看见大家都在急迫地寻找当晚的容身之所，有人抱着被子奔跑，有人在草坪上找可以睡觉的位置，我的舅舅也是其中一员，而我这一刻充满了迷茫和恍惚。这时天空下起毛毛细雨，刚刚铺好的被子又被卷了起来，人群开始四处乱窜，到处都听见"快！快！快！快点收！快点跑……"的呼喊声。我想给妈妈打个电话报平安，可是电话里边都是"嘟嘟嘟"占线的声音。旁边有人激动地吼叫"我的短信发送成功啦！"而我手机里编辑的那条"我们都平安"的短信，一次、两次、无数次显示着"发送失败"，我学着旁边那人摇晃着手机希望能找到点信号，在准备放弃之际居然奇迹般地发送成功了。

　　舅舅回来时带来了从超市抢购来为数不多的食品，并安排好我们今夜的容身之所，是一辆路过都江堰刚好遇到地震无法回家的大卡车。舅舅和外公回到房子取出当晚所需的床上用品，司机帮忙把货车厢用篷布盖上，我和舅舅、司机师傅待在车厢内，外公、外婆还有 3 岁的妹妹被安排在驾驶舱内休息。夜间雨越下越大，雨水渗透了货车篷布，慢慢流入车厢内打湿了我们的被子。慢慢的，车厢里的雨水淹到了我的小腿根部，只能盼着早点天亮。突然，听到外面的广播里传来"国家总理温家宝，温爷爷来了"，这个声音似乎点亮了大家的希望，很多人都开始落泪，我透过篷布看着路过的那些闪闪发光的警车，在绝望和希望中煎熬地度过了漫漫雨夜。

第二天，舅舅和外公回家取东西，拿来了换洗衣物，拉上绳索将被子晾晒在车外。外公还搬来他私藏多年的"老古董"——液化气炉子、蜂窝煤炉子……这些家里人一直执意让他扔掉的"老古董"和他喜欢用水桶储水的习惯却成了大家救命的稻草。我们把搬来的大米、腊肉等就地生火做饭，记得当时煮了满满一大锅粥，在保障我们吃饱后，外公将粥端给周围的人，同时将剩下的粮食按一周计划等分保存，保障我们每天的口粮。突然，有人在大喊"紫坪铺水库爆了，水冲过来整个成都就全部没了。"这时大家什么也顾不上，连滚带爬地快速将被褥、炉子、食物装上货车厢，司机朝着青城山上开，一心想的就是跑快点，要活下来。到青城山半山腰时，我看到已经有很多车陆陆续续的在上山，这时又有人大喊："这是谣言，大家不要慌。"我们半信半疑地将车停在青城山道路两旁，有种世纪大逃难的感觉。这一刻大家无尽的心酸，突然有人开始哭泣，也许自此他就再也没有家了。

确定是谣言后，司机驱车回到我家小区旁的街道，这时附近有人开始搬运垮塌房屋内的床、沙发等家具。我盯着他们看了好久，不知怎么的靠在其中一张床边就睡着了，也不知睡了多久，只听旁边有人在喊"小姑娘醒醒，我们要把床搬走了"，挣扎了很久我才睁开眼睛。此时的我甚至没有办法来形容当时的感受，似乎从来没对床有过这么强烈的渴望，哪怕此刻倒在地上也可以睡一觉。醒来后听见大家开始谈论：二十栋（都江堰的一个区域，人们日常称呼）太惨了，房子倒得差不多了，中医院塌了、新建小学塌了、聚源中学塌了……，还有人从映秀徒步回来说道："汶川没了，到处都塌完了，路不通了！"邻居家叔叔慌张地跟我家借了自行车说是要骑回汶川去找他亲戚，便急匆匆地离去了。

身边的人开始自救互救，听说有人在倒塌的房子旁"挖人"，家人便想去帮忙，让我待在十字路口等，看着他们离开的背影，我一个人站在昔日车水马龙的青城桥十字路口，听着旁边挖掘机发出"咚咚咚"的声音，看着那些刚从家里取完东西慌张奔跑的身影，自己也不知道能做些什么好。傍晚我们开始整理车厢，把它布置得简易而温馨。也不知舅舅从哪里找来了一些零零星星的油布附在车篷布上可以用来抵挡雨水，就这样我们终于可以在车上美美地睡上一觉。

4

避难与安置

震后生活

地震后第 5 天，2 名没有撤离的中学生用捡来的音响和电瓶捣鼓出一套播放装备，在中学前的马路上大声播放。废墟边，两个女孩认真地打着乒乓球。滨河桥头还出现了一个女商贩，她的生意非常兴隆。

用矿泉水煮饭

没有自来水，大家都是用矿泉水煮的饭，感觉有点浪费。

政府分发物资

我们当时在乡下，受灾情况不那么严重，村民自发组织起来给城里的灾民煮稀饭，我也在帮忙，把煮好了的稀饭送到城里去分发。乡政府也会每天给我们送菜、送物资等。

加固帐篷

我和儿子在玉堂表兄家中住了七八天之后，就住进了高桥集中安置点的帐篷里，儿子去当了志愿者。有一天，我让儿子拿着榔头给每个帐篷加固，巧的是当晚电线杆就砸在自家的帐篷上面，由于帐篷已经加固，并没伤到人。果然，帮助他人就是帮助自己。

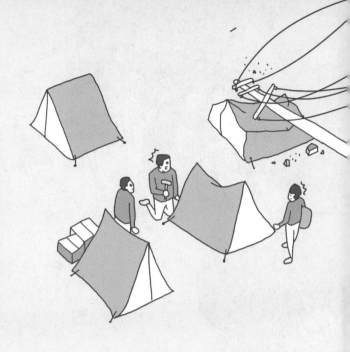

疏散

绵阳九洲体育馆本来最多可承载 10000 多人，但是当时却承载了 30000 多人，运转起来就很困难。还有 3000 多老百姓在体育馆外面，没办法，住不下了。我们当时疏散了很多人到三台、梓潼等地方，这些地方都搞得非常不错，住的、吃的也都有保障。

需要移民

我们曲山镇一共 23 个村庄，有 14 个村子的 6000 多名老百姓全部转移走了，因为确实没有办法再居住，剩余的 9 个村子的老百姓只转移了 1/3。灾民的安置难度相当大，地震后没有下大雨前我们还能背东西下来，可上山的路很难走。曲山镇、擂鼓镇、永安镇都有三四千人没法回家，这些灾民都需要移民。

自己买帐篷搭建

帐篷的作用是比较大的，因为在那样一个非常特殊的时期，帐篷为我们提供了栖身之处。由于受难的人很多，考虑到救灾工作的难度，我们都是自己买帐篷自己搭建，尽量少给救援人员带来麻烦。我家一共搭了两个帐篷，一个是姐姐在住，因为她才因癌症动完手术，剩下的 4 个人住另一个。

觉得帐篷还不错

我当时觉得住帐篷很好玩，因为在帐篷里可以听收音机，还有吃到大伯提供的食物。

彩条布

当时，彩条布是最紧缺的物资。

搭起棚子躲雨

我们全家当时都在玉堂，大家在花塑料布搭起来的棚子里躲雨，棚子不大，一共有几十人挤在下面，几乎没有地方坐，大家一晚上没睡。

茶园的棚子

我们老两口住在河边茶园的棚子里，一人一张床铺，上厕所不方便，我在里面摔倒两次。我们靠烧柴火煮饭。当地农民会免费把蔬菜送给我们。

要用结实的材料

要想让帐篷结实，支柱最好使用铁制的，布料最好使用通气性好的帆布。尽量不要使用塑料等不牢固的材料，塑料不透气、不安全，特别是发生余震的时候这些材料是非常危险的。

要离房屋 4~5 米

帐篷要搭在离房屋 4~5 米处的安全地带，在农村我们可以用砍来的树木搭建帐篷（木头比较安全），再用花油布和砖块压着，既方便又快捷。地点要选在有支撑点、好固定的地方，一定要记得给帐篷留门。

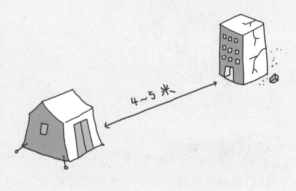

想搭蒙古包

工会主席负责采购，我负责搭建帐篷，教导主任负责安抚学生……大家简单的分了工。安排 500 个学生住宿的任务很艰巨，我们把最大最好的竹子砍过来竖在中间，用 9 张桌子搭建一个床铺，这样不仅可以睡一家人，还不潮湿。当天我们从市场买来篷布、透明白胶和尼龙绳，预想着搭个蒙古包，可是失败了。弄到后面大家筋疲力尽，天也黑了。

标志性事件

这次地震在绵阳有三件标志性的事件，第一件是北川县城被夷为平地；第二件是九洲体育馆聚集了近 50000 的避难群众；第三件就是地震后形成唐家山堰塞湖。同为灾区的德阳在地震后一周基本上就恢复了正常的生活，而绵阳一直等到 6 月 12 日唐家山警报解除才从这场噩梦解脱出来。

夜里很难熬

我们所在的地方虽不在三分之一溃坝区，但按淹没线的标识，二分之一溃坝我们也是要被没顶的，强制撤离是分分钟的事情。白天还好点，一到夜里就难熬，做梦都能听见撤离的警报声。手里的撤离卡标明了撤离路线，我们要时刻准备撤离。

大家互助

由于当时是三家人搭伙共住一个帐篷，大家相互帮助，住着也比较热闹，那时感觉很有意思。

平静的生活真好

我们的帐篷比较小，活动空间不大，有点挤，做饭、洗漱、如厕等都有很大的问题。所以，只有经历过那种艰难的日子，才能完全明白我们现在平静的生活有多幸福。

大姐自己掏钱煮了一锅红烧牛肉

那时我高二，学校停课，我们小区的楼房到处是裂缝，大家只能住地震棚。我每晚不是在空地上和同学发短信、打电话，就是在路灯下看书复习，睡前再用白天晒暖的水洗澡，虽然条件比较艰苦，但也能感受到温暖。从那以后我就知道，"好好活在每一天"真的不是随便说说。那段时间，我见过太多争抢救灾物资的人。但有一个大姐，自己掏钱给大家煮了锅红烧牛肉，而且每天早上都会煮好鸡蛋放到我桌子边。有人说她有点精神疾病，可我觉得她比我见到的任何一个小区居民都正常。灾难让我学会，钱很重要，车很重要，它们可以救命，靠自己也很重要，但别为了利益害人。

每家贡献出自己家的物资

我们在自己搭的简易帐篷里住了一周，然后又在政府发的帐篷里住了 40 天。遇上地震的独居老人（家人在外地，几天后才来接）以及没找到家长的孩子都被收留在这个外来人口避难区。第一天先满足老人妇女和孩子的住和吃，第二天大家开始分工，有的帮忙做饭，有的帮忙清洗伤口，受轻伤的人也可以打扫卫生和洗菜，还有的去开导那些情绪低落的人，让他们高兴起来。每家会贡献出自己家的物资，我们的生活非常团结和有序。

社工带领大家做活动

社工组织大家看节目、跳舞，还教大家学太极拳、青城拳，我喜欢这种和谐的氛围，感谢社工带领大家做活动。我们在板房里住了一年多，生活很方便，邻里关系也比较亲热，大家都不愿离开。

到邻居家里去夹菜

在板房里面，几家人共用一个厨房。政府发放的赈灾物资很充足，所以吃饭的时候，我们会到邻居家里去夹菜，大家有说有笑，感到很满足，幸福指数很高。

严茜的亲身经历

　　第三天，有很多的爱心团体从成都赶过来，他们把煮熟的鸡蛋、包子和馒头发给大家。大家自觉排队领取，但是由于数量并不多，先到的人才有，我们也领到了为数不多的东西。随后，政府派送的物资也到了，领到彩条布后，我们到处找木条，外公也将家里的床板取来，计划搭建一个简易帐篷。因为担心晚上还会再下雨，就把床板搭在两个花台间，架得高高的像个三角形树屋，再抱来被子铺上，这就是我们未来的栖身之所。狭小的树屋其实就是一张简单的床，只能够满足一家人拥挤地睡下。夜间有人发电，大家围坐在插线板旁给手机充电。这时，临篷的老爷爷收音机突然响起，正播报着地震新闻，这是我们地震后第一次听到外界信息。大家竖着耳朵，大气都不敢喘，生怕听漏一点点信息。老爷爷将声音放到最大，此时的广场出奇的安静，大家都放下手里的东西，停下脚步，坐下来，听着这条地震后来自外界的唯一信息。

　　慢慢的夜深了，各个棚子里传来此起彼伏的呼噜声像打雷、像摇滚，还有人起夜的声音，聊天的声音……就这样，大家每晚都在这样的交响乐中入睡，彼此适应、彼此理解。

　　从第四天开始，我渐渐适应了这种生活。舅舅也加入到了志愿者队伍，帮忙搬运和分发救灾物资，我每天只有在吃饭和睡觉的时候才可以看见他，舅舅晚上回来的时候，也会带回一家人的口粮。慢慢的我们也开始有新鲜的食材，大家也可以吃上热腾腾的食物了。

由于自来水迟迟没有来，我们过上"奢华"的生活——用矿泉水煮饭，舅妈常说"我这辈子也没有这么奢侈过。"

再次回到"有顶棚的房子"的家里时，我整个人汗毛竖立起来，时时刻刻都在准备着如果地震了要怎么跑、怎么躲。回家后第一件事便是洗澡、洗衣服，晚上还睡到了梦寐以求的床。但是忽然发现自己晚上不敢关灯入睡，睡梦中也会不自觉地惊醒。我与外婆同睡一张床，由于席梦思床垫非常软，每一次翻身都感觉像是余震，惊醒后开始奔跑，每夜几乎都无法入睡。在这样神经紧张的状态下，我迎来了震后最大的一次余震，由于连日的夜间惊醒，我竟分辨不出是做梦还是真的余震，当我反应过来的时候，家里就只剩下我一个人了，只听见外面，喇叭呼喊着"大家今晚不要睡……"

5

家庭防灾挑战

1.给自己住的房屋做体检：地基、结构和周边环境

2.在没有手机和网络时用其他方式保持联络

3.在家度过没有水的一天

这也是可以放下手机，和家人一起聊天的好机会

4.在家度过没有电以及任何电子产品的一夜

5. 在家享用一顿应急食品

6. 学习使用千斤顶，给自己的车换一次轮胎

7. 在家做一个临时厕所并使用一天

制作硬纸板厕所

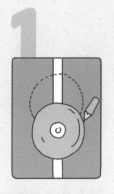

1. 在硬纸板上画两个锅盖的形状

3. 在上面盖上两层垃圾袋

2. 沿着画好的线裁开

4. 放入吸水材料

5. 放入除臭剂

7. 扔入带有盖子的垃圾桶

6. 使用完将袋子扎紧

8. 停水时也可用同样的方法

6

直至今日

活着就是福分，
好好活着……

好好活着

私家车把我和儿子送到富临医院。地震后，儿子的胆子变得特别小，还时常哭泣。身边的很多同学都不在了，最好的朋友还因为地震截了肢，儿子再也不想回学校读书了，好在最终答应去绵阳职业技术学院读书。对儿子我此刻没有过高的要求，只要他活着就是福分，我只要他好好活着。

珍惜第二次生命

2008 年地震，我被预制板埋在家里，多亏母亲用门框翘起预制板，我才活着爬了出来。我的伤不严重，但吃什么吐什么。后来我变得敏感、神经质，别人觉得微不足道的小事，可能就是压垮我情绪的最后一根稻草。有阵子，在考试的压力下，一个半月的时间里我每天的平均睡眠不足 5 小时，就连跟舍友发生的一次小矛盾也能让我一个人默默地哭上半小时。2017 年 8 月 8 日九寨沟地震时，我坐车回青川，一边回忆这些，一边看到路上进出九寨沟的应急救援车，恍如隔世。我希望那些劫后余生的人都能很快走出来，好好活下去，不辜负这第二次生命。

再次经历地震

2008 年我 10 岁，在北川上小学。
5 月 12 日那天，教室的屋顶垮掉了，
落下的东西砸到我身上，在胸口留
了一道疤。我只记得逃出来时天特
别灰暗，大部分人都在哭。9 年了，
我胸前的那道疤痕一直都在，想着
心理上的疤早就没了，自己也不害
怕了，可昨晚九寨沟地震时我躺在
床上，周围摇得很厉害，吓得我都
忘了跑。现在回过神来，心里还是
很恐惧的。

我们结婚了

2008 年我上高一，汶川地震后全校师生
晚上都在足球场睡觉。夜里我醒了两次，
看见一个女孩儿不是在给人杯里添水，就
是在帮人盖好被子。我当时就想，这姑娘
真善良啊，要是哪天我能娶她就好了。
2016 年年初，我们结婚了。上个月宝宝
刚满一岁。

"灾害总是在人们快要遗忘的时候悄悄来临。"

"自然灾害提醒我们常怀警惕，保持对天地自然的谦卑之心。"

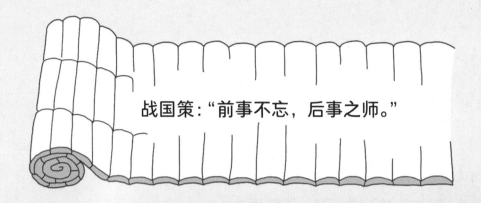

战国策："前事不忘，后事之师。"

壹基金儿童平安计划：

"与其永远为孩子遮风挡雨，不如教会他们自己打伞。"

参考文献

王春英著. "5·12" 特大地震访谈·汶川之殇. 成都: 四川大学出版社.

张良著. 汶川地震 168 小时. 江苏: 凤凰出版社.

阿建著. 在难中. 北京: 人民文学出版社.

北京日本学研究中心与日本神户大学编. 日本阪神大地震研究. 北京: 北京大学出版社.

新世相. 9 年后, 我还是没有跑出去 | 震后余生.

Solmaz Mohadjer and Zachary Adam. 地震课程教学手册.

震撼中国·目击篇: "5·12 劫难" 财经杂志. 总第 212 期, 2008-5-26.